走进大自然

每个生物要生存都需要学会保护自己,《动物的自我保护》这本书介绍了动物们的独特御敌本领。有些动物为了防御敌人、保护自己,就会把自己变成和周围一样的颜色,这叫作"保护色",例如螳螂和蛾类;有的动物在遇到危险时会向敌人喷射气体或者液体,例如臭鼬;还有些动物会通过断尾等方式逃脱敌人的捕捉,例如壁虎和蜥蜴等。这本书还以怪物为主角,以怪物去找食为线索,展现了动物们神奇的御敌本领,增加了很多趣味性。父母们平常可以带着孩子到公园里去寻找隐身在枝叶间或者花瓣中的昆虫,让孩子感受发现的乐趣,也体验大自然的神奇。

撰文/[韩]郑雪娥

大学主修韩国语言文学和教育学,目前从事绘本创作。著有《密密麻麻,嗖嗖嗖》等书。作者怀着愉悦的心情,想象着动物们各自独特的秘密,有感而发,写下此文。

绘图/[韩]惠敬

大学时学习设计,目前从事绘画工作,希望送给孩子们一件礼物,让孩子们愉快休息。绘有《介绍雪人朋友》《妈妈连我的心也不懂》《锁儿连妈妈的心也不懂》等书。

监修/[韩]鱼京演

在韩国庆北大学主修兽医学,专业是野生动物研究,并获取了兽医学博士学位。目前在韩国国立动物园担任动物研究所所长一职。著有《长颈鹿脖子长》《大象鼻子长》等书。

复旦版科学绘本编审委员会

朱家雄　刘绪源　张　俊　唐亚明
张永彬　黄　乐　蒋　静　龚　敏

总 策 划　张永彬
策划编辑　黄　乐　查　莉　谢少卿

图书在版编目(CIP)数据

动物的自我保护/[韩]郑雪娥文;[韩]惠敬图;于美灵译.
—上海:复旦大学出版社,2015.5
(动物的秘密系列)
ISBN 978-7-309-11288-7

Ⅰ.①动…　Ⅱ.①郑…②惠…③于…　Ⅲ.动物-儿童读物
Ⅳ.Q95-49

中国版本图书馆 CIP 数据核字(2015)第 053218 号

本书经韩国教元出版集团授权出版中文版
上海市版权局著作权合同登记
图字:09-2015-167 号

动物的秘密系列 5
动物的自我保护
文/[韩]郑雪娥　图/[韩]惠敬
译/于美灵
责任编辑/谢少卿　高丽那

复旦大学出版社有限公司出版发行
上海市国权路 579 号　邮编:200433
网址:http://www.fudanpress.com
邮箱:fudanxueqian@163.com
营销专线:86-21-65104507　86-21-65104504
外埠邮购:86-21-65109143
上海复旦四维印刷有限公司

开本 787×1092　1/12　印张 3.5
2015 年 5 月第 1 版第 1 次印刷
ISBN 978-7-309-11288-7/Q·96
定价:35.00 元

动物的秘密系列 ⑤

动物的自我保护

文/[韩] 郑雪娥　图/[韩] 惠敬　译/于美灵

复旦大学 出版社

"敢捉我试试"岛的海滩上响起了"咚咚咚"的脚步声。
原来是怪物出现了,他见什么就吃什么。

瞧!怪物饿了,他的肚子"咕噜咕噜"地叫着。
这时,岛上飘来了诱人的香气,惹得怪物的鼻孔一张一合。

怪物立刻向岛上奔去,但是岛上却有怪物不知道的秘密!

那就是住在"敢捉我试试"岛上的小动物们都有独特的御敌本领。

咚！咚！咚！

眼斑螳螂一听到怪物的脚步声，便吓了一跳，"扑哧"一下就跳到了深褐色的落叶间。

咦？落叶的颜色怎么和螳螂身体的颜色一模一样呢？

　　原来，每当眼斑螳螂遇到危险时，它便像这样跳到落叶上，一动也不动，假装自己也是落叶。只有这样，它才能成功逃脱敌人的追捕，保全性命。

　　这里有一种胸腹突出的螳螂，也叫突胸螳螂，它遇到敌人时也会"嗖"地一下跳到落叶上。

　　不过落叶的颜色怎么也和它身体的颜色一模一样呢？

瞧！兰花螳螂正停在花茎上，两翼翩翩起舞呢！
咦，兰花螳螂和花瓣的颜色简直一模一样呢！

它们真会掩人耳目啊！

皇蛾，为了躲避怪物，"噗噜噜"地落在了红叶上。

唉！皇蛾藏到哪里啦？

怎么找不到了？

我藏在这里，谁也找不到！

赤松毛虫，长着一双褐色的翅膀。它为了躲避怪物，假装落叶，屏住呼吸、一动不动。

丝兰蛾，长着一双雪白的翅膀。

瞧！它轻轻地钻进花瓣里啦。

尺蠖，总是慢吞吞的。
它怎么一下子把身体伸得又直又长呢？
原来它是在模仿树枝啊！

怪物瞪大眼睛，却看不见小动物们的一丝踪影。

它不断揉眼睛，心想："奇怪，真奇怪！难道我眼睛进沙子啦？"

有些动物为了防御敌人、保护自己，就会把自己变成和周围一样的颜色，这叫作"保护色"。有些动物不仅变化颜色，就连模样和纹理也可以变得和周围相同，借此迷惑敌人、掩人耳目，这叫作"拟态色"。

咕噜噜 咕噜噜

怪物摸着自己干瘪的肚子
在岛屿四周来回转悠……
"啊! 变色蜥蜴! 你给我站住!"
哎呀, 真不幸, 变色蜥蜴被怪物发现了!

变色蜥蜴已经觉察到了危险。

说时迟，那时快，它趁怪物不注意，"哧溜"一下，变成了和身旁树叶一样的颜色。

"嗯？奇怪，真奇怪！

刚才我明明看到变色蜥蜴来着……"

怪物只好无奈地摇着头，百思不得其解。

哼哼！哼哼！

怪物好像又闻到了什么气味，
然后"扑通"一声跳进了海里。
它把海底翻了个遍，但却一无所获。
"什么呀！全都是沙子和石子嘛！"

海底真的只有沙子和石子吗？

事实上，鲽鱼正在嘿嘿地偷笑呢！

它把自己的身体变成了和海底一样
的颜色。

也难怪鲽鱼连怪物都可以骗得过去。

像鲽鱼这样，将自己偌大的身体一下
子铺在海底，变成和海底一样的颜色，谁
能分辨得出来啊！

怪物在大海中徘徊了好长时间，没找到什么猎物，就灰溜溜地走了。

怪物刚走不久，刚才还屹立不动的"岩石"，就开始慢慢地移动了。

啊呀，原来是章鱼啊！它把身体颜色变得和岩石一样，就连皮肤也变得和岩石一样的粗糙。

由于章鱼可以随心所欲地变换颜色和模样来保护自己，因此，章鱼也被称为"海洋变色龙"。

咣咣！咣咣！

怪物真是憋了一肚子火，怎么在大海中就是找不到吃的呢？

怪物又开始在岛屿四周转来转去。

根据周围环境变换身体颜色的现象也叫作"保护色"。乌贼也可以把身体变成和周围一样的颜色。居住在北极的狐狸、兔子、黄鼠狼等也具有保护色。它们在飞雪的寒冬里，身上会长满白色的茸毛；但在其他季节，身上的毛就变成了和大地一样的深褐色。

呱！呱！呱！

青蛙见到怪物，真是吓了一跳！

连忙把身体紧贴在大树上，"嗖"地

一下，变成了和树皮一样的颜色。

"咯咯咯，青蛙就在那里呢！"（凤蝶幼虫笑着说）

　　凤蝶幼虫正在嘲笑怪物找不到青蛙呢！

　　它一向慢腾腾的，这不就和怪物一下子

碰上面啦！

　　怪物心想："哼！你这家伙，还敢嘲笑我？

碰到的还真是时候啊！"

就在怪物靠近凤蝶幼虫的瞬间，凤蝶幼虫"唰"地一下从头部伸出了黄色的触角，释放出了极其难闻的臭气。
怪物被难闻的气味呛得受不了，捂着鼻子逃走了。

　　"啊，那不是壁虎嘛！这次绝对不能再失手啦！"
怪物心想。

　　它悄悄靠近壁虎，猛地一下抓住了壁虎的尾巴。

　　怪物欣喜若狂，大声叫道："哈哈，我终于可以填
饱肚子啦！"

嘿嘿，我的尾巴可以再生，即使断了也没关系。

怪物，拜拜喽！

　　壁虎的尾巴在遇到外力牵引或者遇到敌害时，尾部肌肉就会强烈收缩，使尾部断落。壁虎这时便乘机逃跑。壁虎断尾之后，尾巴就会变短，那么变短的尾巴会怎样？幸运的是，壁虎的尾巴会随着时间的推移，慢慢长出新的来。但是因为重新长出来的尾巴，不像以前那么长，所以断尾的壁虎，可能会受到群里其他小伙伴们的孤立。因此壁虎不到万不得已，是不会断尾的。

可是怪物高兴得太早了！

"咦，怎么只剩下了一条尾巴了呢？"

怪物又累又饿，心情沮丧，一路上唉声叹气，
脚步也变得更加沉重。

它走着走着，忽然看到了臭鼬。

"哎呀，这是什么味道啊？怎么这么臭！"

怪物惊叫一声。原来是臭鼬喷出的液体啊！

臭鼬把屁股撅得老高，"嗞"地一下，就冲着怪物的头直喷了过去。

怪物被臭气熏昏了头，大喊道："啊，快跑啊！"然后它就急忙逃离了岛屿。

我们一般认为那奇臭无比的气味是臭鼬放的屁。但实际上，那是它喷洒出来的液体。臭鼬从屁股上的一个小孔里喷出液体，这液体散发着恶臭。这种液体要是进入眼睛，眼睛就会疼得睁不开。

怪物逃走后，"敢捉我试试"岛
又重新恢复了往日的宁静。

"敢捉我试试"岛上的小动物们
个个都有独特的御敌本领，是不是很
神奇呢？

去生态公园看一看!

到目前为止,我们已经对动物们自我保护的方法,进行了仔细的观察。接下来,我们一起去生态公园,亲自看一下小动物们,如何呢?

生态公园,是为了给动植物们提供一个安全、舒适的栖息场所而营造的拟生态空间。在这里,人们可以尽情地观察和体验自然。中国各省市都建有自己的生态公园和生态保护区。

注意!注意!

为了保护生态公园的动植物,参观时,请一定要爱护环境、保持环境的清洁。建议自行携带可以装垃圾的纸袋。

观察一下!

凤蝶幼虫遇到危险时,就会马上伸出头上的黄色触角,并释放出难闻的气味。请仔细观察,凤蝶幼虫蠕动的样子。

找一找!

金蛙,是一种濒临灭绝的珍稀物种。金蛙虽然长得很像一般青蛙,但后背两侧长有金色条纹的特征十分明显。

_____的观察日记

观察日期:	观察地点:

观察内容

1. 请用不同颜色和形状的线条，描绘出你在生态公园中所听到的动物声音。

如  呱呱 呱呱

2. 请画出你见过的最漂亮的凤蝶幼虫。

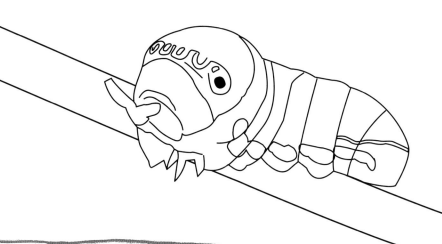

3. 请写下自己在观察之后的感受。

找到啦!